JN084672

目　次

〈書名について（タイトル解題）〉

　本書は、地のはじまりから「令月にして風和らぐ」令和に至るまでの宇宙全史について筆者の管見を述べたものであり、その象徴たる万物創世の夜明けるころの「黎明」をタイトルといたしました。副題に含まれる「アンソロジー」は本来、共通主題の作品を編んだ作品集を意味しますが、筆者が宇宙や生命に関する書籍を渉猟し、エッセンシャルな言辞を集載したという点からこの言葉を使用いたしました。

序章　天地創造を旧約聖書創世記でなぞってみた

　古人、神をして言わしめたこと、「創世記」をして言い伝えたこと、はじめに「神」天。

　即ち宇宙（天空）であるが、現在を去ること百数十億年の過去に、宇宙のある一点に物質エネルギー空間、そして時間も渾然一体となって在ったものが一瞬動いた。それが宇宙創生の瞬間であった。時間が動き、空間が拡がり、物質、エネルギーが相携えながら新しい物質をつくりつつ更に拡がっていった。天空のはじまりである。

　地をつくりたまえり。

　私達の住む地球が約45億年前に冷え固まってほぼ球形の塊となって現れた。

　地はかたちなく空しくして暗わだの面にあり光りあれと云いたまいければ光りあり、光と暗を分かちたまえり、光を昼と名づけ、暗を夜と名づけ、夕あり、朝ありき、これはじめの日なり。

　地球は、太陽の周りを自転しながら公転している。そして、大陸を形づくる岩肌がごつごつとしていて一見何の変哲もない存在物である。

　「水の中におおぞらありて、水と水とを分かつべし、おおぞらをつくりておおぞらの下の水とおおぞらの上の水とを分かちたまえり、おおぞらを天と名づけたまえり」

　地上のくぼみに水がたまり、蒸発して水蒸気となり大気が地表を覆って、水蒸気を雨として地上に降らせ、水の循環が出来上がった。

　「天の下の水は一ところに集りて乾ける土現れるべし、乾ける土を地

と名づけ、水の集まれるを海と名づけたまえり」

　海がいつ頃誕生したかは定かではないが、原始の海が大陸と分かれて大きく生長し生命を生む母胎となっていった。

「地は青葉とたねを生ずる草とその類に従い果を結び自らたねを持つところの身を結ぶ樹を地にいだすべしと即ちかくなりぬ、これ三日なり」原始地球上の海の水ははじめの頃は真水に近かったと思われる。空から降ってくる雨水は地上のむき出しの岩石から、いろいろな鉱物を洗い流しながら海へと送り込んでいった。一方海底では、火山の爆発などで大量の溶岩を海中に噴き上げ、その時にやはりいろいろな鉱物質を水中に送り込んでいった。徐々に（勿論長い年月があって）海の水に塩分が増えていき、同時に豊富な物質をも取り込んで、新しい物質を作り上げる舞台を育んでいった。

　同じように、大気圏でも火山活動で噴き上げる水蒸気にメタン、水素、アンモニアなどが混ざっていて、これらがやがて大気圏に取り込まれ層をなしているところへ激しい空中放電（雷）や太陽からやってくる紫外線などの刺激で複雑な化合物を作り出しては雨水と共に海中に入り込んでいって、様々な化学反応の末、我々のよく知る有機化合物の元祖アミノ酸が生まれ、そのアミノ酸が淘汰育成されて現在の20種あまりのアミノ酸となり、アミノ酸の多様な組み合わせで蛋白質が出来て生命の母体となるべき材料が揃っていった。太古代（20〜30億年前）の海洋にはクラゲ、海綿そしてある種の海草が繁茂していた。

　いつの頃からか厚い雲が切れて太陽の光が海を照らすようになり、大気中の炭酸ガスが増えてくると、今度は炭酸ガスと日光と水の力で生活を営む植物が現れた。つまり、下等シダ植物の一種プシロフィト

ンが海上から上陸して、やがて進化して地上を覆う緑の巨木となった。

「二つの大いなる光をつくり、大いなる光に昼を司らしめ小さき光に夜を司らしめたもう、又星をつくりたまえり、これ四日なり」

「大いなる魚と水に、沢に生じて動くすべての生き物をその類に従がいてつくり、又翼あるすべての鳥をその類に従がいてつくりたまえり。これを祝して曰く生めよ、ふえよ、海の水に充てよ、又鳥は地にふえよとこれ五日なり」

　5億から12億年前の地層、古生代にあってはその前の太古代のクラゲや海綿などの単純な生き物の他に立派な殻をもった大生物群が現れた。古生代の初め頃に多分海底の地殻大変動が生じて、幸運なことに海の中の生物が急成長し繁栄する条件が沢山出来上がって、三葉虫、海さそり、フデ石などが出現したと思われる。ついで3億5千万年前頃には節足動物の一種が海岸の低地に住みつくようになったり、三葉虫やフデ石が滅びた後に魚類が現れ盛んに活躍するようになった。

　魚類の中で水中で呼吸することが出来た肺魚の仲間がやがて陸地にはい上がって巨大な爬虫類の天下となった、しばらく続いたこの時代も中世代の終わり頃には地球上は急激に冷えて、寒冷地が増えて、爬虫類は全滅し、新世代に入った7000万年前頃になるとこの地球上は鳥類と哺乳類の手に帰した。

「地の獣をその類に従がいてつくり、家畜をその類に従がいてつくり、地の全ての這うものをその類に従がいてつくりたまえり。神その像の如くに人をつくりたまえり、即ち神の像の如くにこれをつくり、これを男と女に創造たまえり、彼等に言いたまいけるは生めよ、繁殖せよ、地に育てよ、これに従がわせよ、又海の魚、これらの鳥と地に動くところの全ての生物を治めよ、これ六日なり」

今を去るおおよそ350〜500万年前、人は大地にしっかりと二本足で立ち上った。

〈神は二本の手にエネルギーとエントロピーを持ちこの宇宙に君臨する〉

第一章　森羅万象の根源である宇宙の創生、進化を追ってみた

　人が外界に出てまず感ずることは「ここはどこなの」、自分の立つ位置と周りの位置関係を視覚の中でとらえようとする。

　次にここにあるものは「何なんだろう」と身のまわりにあるものを認知しようとする。

　そして「なぜ、ここに存在するのかと問いかけてしまう思考が生まれ意識が顔を出す」。

　人が地上に現れ、やがて立ち上がり二足歩行をする。四つの足で地上を這い廻っていた時と立ち上って見る外界の風景の違いは驚きのものであったであろう。やがて地上のものから天空に興味が移るといろいろな現象が通り過ぎていくのを感じつつ天空と地の果てに思いをはせていたのではなかろうか。

　「人」つまり私達は太陽系の中頃に位置した一点に立って、この広大で果てしない空間を毎日見つめて暮らしてきた。その構成は真中に燃えさかる点の恒星といわれる太陽とその周りを囲むようにして、水星、金星、地球、火星、木星、土星、天王星、海王星の順に大きさはまちまちでも、ある基準を充たし、ほぼ同一平面上を公転していることを知る。

　古人が思い描いた全天空に果てしなく拡がる空間と永遠に流れていく時をどのように捉えていたのだろうか、私達はこの時空を含む器を宇宙と呼んでいる。この宇宙に始まりがあった、混沌と呼ばれる状態

である。混沌は森羅万象の根源となる一元の気である。一元の気は、古来中国に発した易経によれば太極と呼び、太極あれば両儀を生む、両儀は四象を生じ、四象分かれて八卦を生ずるという理（ことわり）があった。

「太極は陰と陽の相をかたどり互いに作用し合いながら変化発展していく母体である。」陰陽は、はっきりと分離することなく、ある時は陽となりそして陰となって変化をくりかえしていく。そこから陰はやがて静止して固定する。陽はその周りを移ろいながらひとり活動を続けていく。しかし陰といえどもいつまでも固定することはない、あくまでも陽に従い、導かれて変化発展していく。太極の元気として常に存在するものである。このことが太極の一要素として変化流転していくもの、つまり「万古に已まざる作用」を及ぼし合う両極の充填と変異のうちに見えてくる「道」を探りあてていく基本でもある。

陽極は天と呼ばれ陰極は地といわれて、古くからこの現実世界の対極を形づくってきた。「天地交わらざれば万物興らず」と。

天地の交わるところには必ず進化発展が約束される「生成進化」がある。

形を成さないものがやがて集合して形あるものとなり、新しいものが出来上がる。出来上がったものは必ず長い時間のうちに漸減し消滅していく。消滅の仕方もその物の占める空間の大きさによって、時間の経過が異なる。小さいものは短く早く大きいもの程遅く長くなるものではあるが。

宇宙の成り立ち

宇宙の起源とは、そもそもはじまりのことであるが、時間的には今

を去る百数十億年から二百億年の彼方から始まることになる。その頃、宇宙はどの辺りに中心があったのかなども、現在いろいろと考えられているが、とも角未知の空間のいずれかに超高温・超高圧の火の玉のようなものが陽子・中性子・反核子・陰陽電子・ニュートリノ・反ニュートリノ等、粒子・反粒子・強い力も弱い力も又重力も電磁力も全部混在して、存在していたと考えられている。その大きさは今の宇宙の10兆分の一位であったろうというある時期に、つまり二百億年前のある一瞬、火の玉が爆発を起こした。

　爆発から0.1秒経過すると宇宙は急速な膨張をし、超高熱の状態から温度が下がってきていろいろな素粒子が現れるようになる。火の玉の頃の温度は、原子核の質量が全部熱エネルギーに変わったと同等の10兆度（通常示されるエネルギー単位で10億電子ボルト位と推定されている）、0.1秒を過ぎてからの火の玉の状態は、温度もかなり下がってきて、核子や反核子を生成させるだけの熱エネルギーがなくなってしまって、かえって一旦出来上がった核子、反核子が対になることで消滅してエネルギーに変わってしまい、どんどんその数を減らしていった。

　そのうちにも宇宙の膨張は続き、更に温度が下がっていっておおよそ10億度以下に達した頃には核子、反核子、陰陽電子の対の消滅も終わりに近づき、かろうじて対消滅を免れて生き残った素子が、今日の陽子、中性子、電子を中心とする正世界を形成することになった。現在の吾々の世界が正の物質で出来た原子核、原子であるのは何らかの理由で正物質が、反物質を数の上で上回ることが出来た結果ではないかと考えられているのであるが、このようにして大宇宙が膨張を続け温度が下がっていくにつれて、やがて銀河宇宙が進化していく。

星の一生はどうなのか

　私達が通常眺めている星といわれるものは、すべて銀河系宇宙の中に含まれている。

　中心部の核と渦巻のうでの部分に多く存在している。銀河宇宙の内部には大量のガスや塵があって、それらによって形作られている宇宙の雲が星の誕生に関与している。つまり、一様に拡がっている雲の中でも濃淡があり、濃い部分が自分の重力で固まりつぶれて星のもととなり、このガスの塊が更に濃密になっていくと中心が熱くなり、やがて1000万度を超えるようになってくる。そうするとガス雲の主成分である水素が原子核反応を起こして、原子エネルギー（熱と光）を放出して、光り輝き星となるのである。

　星の寿命はどの位かというと、星の中心部で毎秒使用される水素の量と、星全体の水素の量を測れば簡単に判るのであるが、太陽程度の大きさの星で100億年位と推定されているようである。

　生れた星は、大体のところ、出来上がった時の大きさ、明るさを変えないで長い年月を過ごしていく、活動的で元気な時代が非常に長く、燃料の水素がほとんどなくなってようやく老年期を迎えることになる。

　老年期の星はそれまでの大きさの数倍から数十倍に膨れ上がってしまう。というのは燃えカスが多量に溜まってしまっているからでもある。表面は赤色に変わっていって、燃料も水素の他酸素や炭素も加わって非常に高温となって明るくなり最後の光を放つ。

　星の末期は、燃料を浪費するため、中心部では使える燃料がなくなり、空洞化して次第に表面の燃えカスのガスの重さに耐えきれずつぶれていく。そうして最後に小さく暗い星となって死滅していくのである。

星雲の中の主役

　恒星は星雲内の至る所に存在するが、数の点では圧倒的に中心部に多いということが判っている。

　周辺部にも沢山の恒星が、いろいろな大きさを持って自ら光り輝いているが、すべて共通しているのはどれもが球形で、回転運動を持っていることである。

　私達の最も身近な太陽も又この恒星の一員である。中心部から3万光年程離れた周辺部のところに黄色矮星として分類されるとるに足りない平凡な星ではあるが、私達地球人にとっては特に大黒柱的な存在のものではある。

　その大きさは直径約140万キロメートルで水素とヘリウムを主成分として光り輝く火の玉、表面温度は約6000℃、その比重は水の1.4倍、大気中の元素は70以上で構成されているといわれる。

　太陽は孤独ではない8つの惑星と一つの準惑星、それらに付随する衛星も含む大家族である。

　惑星は太陽の内側から水星、金星、地球、火星、小惑星群、木星、土星、天王星、海王星、冥王星（現在惑星から外れた）の順にほぼ同一平面に並んでいる。

　惑星とは天空のある定められた軌道を自由に運行出来る星の意で、太陽の周りを定まった周期で公転しているものである。

　水星は88日間で太陽の周りを一周しており、その質量は地球の約1/18位で自転軸を中心にゆっくりと90日くらいで自転しているので、太陽の方を向いた面はほとんど移動せず、赤道面の温度は500℃を越す灼熱地獄で反対側は逆にすべてのものが凍結した状態、大気は恐らく存在しないだろうと考えられている。

金星は逆に大気が存在していることが知られている。表面は黄白色で不透明な雲に覆われていて内部は見えない。

　公転周期は225日、自転は243日かかって一回転している。私達が毎日経験している日の出、日没は118日に一度やってくる勘定になる。気の長い昼夜の交替である。質量は地球の0.8倍、生物の有無はいまだ確認されてはいないようである。

　地球、ここに私達が住んでいる。

　火星はすぐ隣にあって赤い光を放って天空を移動するので、私達にはなじみの深い星であり、永い間生物が住んでいるかどうかで論争の続いた星でもある。太陽からの距離2億2700キロメートル、質量は地球の1/10で希薄ではあるが大気の存在が認められ、平均気温は零下50度くらいとなっている。

　公転周期は687日半で自転は24時間半位。

　木星は太陽惑星の中で最大の質量を保有する。直径14万キロメートル、太陽から平均距離が7億8千万キロメートル、密度は意外に軽く、地球の5.5に対して1.34位しかない。表面には水素、アンモニア、メタンからなる毒性の強いガスが数百キロの厚さでとりまいていることが知られる。

　衛星が多く、現在知られているもので13個、土星は木星に次いで2番目に大きい惑星で直径115,000キロメートル、太陽からの距離14億3千万キロメートル離れている。

　そして、他の惑星のどれもが持っていない輪をもっている。

　この惑星も木星と同じようにガスの巨大な塊で比重は0.68と非常に軽くて、衛星は水星と同じ位の大きさのものを含めて10個持っている。

　天王星は、28億7000万キロメートル太陽から離れており自転軸が極端に傾いている衛星は5個持っている（輪があるともいわれている）。

　海王星は理論上（計算上）その存在が予言されていて1840年に発見されたことで天王星とほとんど同じ大きさ、太陽からの隔たりは約45億キロメートル（平均）、二つの衛星を持っている。

　冥王星は最近（1930年頃）海王星と同じく、天王星、海王星の予定軌道のずれから計算されて予告された所で発見された惑星で直径3500km、太陽からの距離44億〜74億キロメートルと公転軌道を描いていて、くわしいことが不明なものである（最近小さすぎることで2006年惑星から外された）。この外に火星と木星の間には最大でも直径1000キロメートルの星の集団が群れて公転している小惑星があり、幾つかのすい星が太陽を中心に大きな軌道を描いて廻っている。その代表なものとしてハレーすい星が有名である。これらが太陽系と呼ばれる家族のあらましである。

　太陽惑星系の一員である地球上に私達は現在生活している。その周囲にはいろいろな物質が存在している。水、有機物質、無機物質などと呼ばれるものである。水は海、河川、雨水など様々な形で私達の身近にあって無くてはならないもの又私達の身体をつくっている物質は有機物質で高分子の集まったもの、無機物質とは水をも含めたガス、金属、岩石である。

　これらのものは基本的には92の原子によって構成されている。原子が物質の根源とされているものであるが、しかし原子といえどもそれ以上小さく分割出来ないものということから、だんだんと実はもっ

と基本的な構造があることが判ってきた。それはどのようなものなのか、原子を形づくっているものは何かについてもう少し調べてみたいと思う。

　原子は一番軽い水素からヘリウムなどを経て鉄などの重金属からラジウム、ウラニウムなど放射性物質までが含まれる。これらの原子の基本的な構成要素は原子核と電子である。この原子核と電子の数によって原子の種類が分かれる。

　原子核は核子によって成っている。原子の世界の主役は電子と光子（光は波であると同時に粒子でもあると考えられている）であって、原子の中心にある原子核は、陽子と中性子とそれを結びつける中間子などから成り立っている。特に二つの核子、互いに陽子から中性子、中性子から陽子へと変換することが出来て、その変換の機構は次のような式？　になっている。

　まず中間子は、それぞれの原子核の状態により幾つかの種類があり、群れ集まって渦巻いて絶えず流動しているといわれる。中間子の動きの流れが核子同士の変換にも関与している訳である。陽子、中性子、中間子、電子等を総称して物質をつくりだすはじまりの要素として素粒子と名づけられている。

　素粒子の性質はどんなものなのだろうか。

　物質粒子であるから勿論質量を持っている。質量には常に電荷（電気量）及び磁気が付随している。つまり、粒子はいつも電磁気を持っているということである。その寿命は電子、陽子の外はすべて不安定なものであって、中性子は誕生から消滅まで16分間、ミュー中間子が2×10^{-6}sec（1秒の100万分の2）、π中間子が10^{-8}sec、ハイベロングループといわれるもの10^{-10}sec で想像をはるかに超えて短命であるが、

それは私達の世界から考えればの話であって。

　素粒子の世界では又別の話であるが、最初いくつかの原始的粒子としてその存在を知られていた素粒子も観測手段の格段の進歩でその数は急激に増え、ただの素粒子ではなくなってきたが、その大きさによって、重粒子族、軽粒子族に分類され、更に偶奇性や奇妙さとかが統計学的手段で変わった性質も見つけられて区別されるようになってきた。素粒子の性質からその構造を調べると一体どのようになっているのだろうか。概略として素粒子の動きについて理論を支えている量子力学上の模型として原子の構造は、原子核を中心にしてその周囲を電子が回転している姿を想像しているが、それは丁度惑星が太陽の周りを廻っているような形であるが、その数字的記述は天文学のように単純ではない。

　続いて素粒子同士の交流はどのように行われるのだろうか。核子の結合、陽子と中性子の相互作用についての概要は次のように説明されている。

（１）弱い相互作用の場合として一組の陽子が互いに近づくとそのうち一つの陽子が中性子と陽電子とニュートリノに転化するもので、これは水素をヘリウムに転化する機構で恒星が光り輝く源泉となっているものである。

（２）強い相互作用と電磁作用

　　　（１）で出来た中性子は、別の陽子と結合して更に強い束縛状態を作り出す。このことはヘリウムの同位元素となることであって、このとき互いに質量を減らし、失われた質量分だけ高いエネルギーの光子（光）を放出して互いに平衡状態を保つようにするものであって、やはり多量の光を発する源となっている。

（３）強い相互作用

　　もう一つは（２）で出来たものが、二つ結びついてアルファ粒子、即ちヘリウムの核として強く結びつき、その時余った陽子二つが余分なエネルギーを自分の運動エネルギーとして持ち出していく。そして、その運動エネルギー熱は再び（１）、（２）、（３）の作用として受け継がれていく訳である。

　　この作用の本来のものは、水素の原子核であるヘリウムの原子核であるアルファ粒子に転化していくことなのであるが、この際の過剰な電荷（電気量）の方は陽電子が運び出し、エネルギーは陽子が運び出し、かつ、余分になった質量は光子や軽粒子（ニュートリノ）などの運動エネルギーとなって使用され外部へと持ち去られていく。次に陽子と中性子を結合させているもの、核子間の力、つまり核力とはどんなものだろうか。二つの核子、陽子と中性子の間に働く力は重力（引力）や電磁力とは又違って非常に近い所だけで作用する一種独特のもので、これには中間子が関与している。電磁気力は電磁場が間に入って作用し合っており、その際電磁力は光の波動（電磁波）として空間を伝播していくが、その有様は量子論的には光波は一つの粒子として振舞うので、荷電粒子の間の電気力は一方の粒子を放出して他方がそれを吸収するという形で理解されている。それゆえ、核力の場合も同じように核子の一方が、核力に対応する粒子を放出し、他方の核力がそれを吸収する形をとると考えられ、その核力粒子として中間子が導入されたのである。

　　そして、この核力は電気力より４倍もの強さがあるといわれている。素粒子とはどんなものなのか、極微世界の立役者であ

ると同時に、宇宙全体で活躍する原動力でもあるため、その姿は複雑多岐であって、簡明の上正確に記述することは不可能であるので、ここでは略述すると

素粒子とは

　　　光子族＝光子（電磁波と光の本体）

　　　軽粒子族＝ニュートリノ、電子、π中間子

　　　重粒子族＝陽子、中性子、ハイベロン

などの外に反粒子族というのが正粒子の対になって存在し、正・反粒子の衝突があれば、すべて質量は消滅して高いエネルギーに変わってしまうものもあるということを付記しておくことにして、素粒子の構造の概要を略述してみよう。原子核とそれをとりまく電子の雲といった形で量子力学は素粒子の存在を記述する。

　原子核をとりまく電子の雲の数によって、原子の種類が定まってくるのであるが、勿論核子の数もそれによって消えていく。核子のうち陽子は、電子が陰電荷を持っているので、陽電気を帯びた粒子となっている。この電荷は直接陽子の中にはなくて、周囲に正の中間子の雲となって離れて存在している。

　質量その他の物理的量などが陽子の本体にあって、中心部には固い芯があるらしいことも最近では判っているようである。一方、電荷を持たないとされる中性子には、正と負の中間子の雲があって、互いにその電荷を打ち消し合って、丁度電気的には中性的に振舞っているのだと考えられている。

　電子はというと負の電荷を持っているが、質量が非常に小さいので、電荷も通常の質量の中に取り込まれており、代わりに

光子（光）の雲をもっているのだとされている。中間子はというと、はじめは核子同士をつなぎとめる核力の仲介役ということで生れ出たのであったが、その後いろいろな種類の大小の中間子が見出されてなかなか複雑な役割を負わされるものとなっている（量子力学、素粒子に関しては筆者もよく理解できないながら参考書を引用しつつなぞって書いてみた）。

第二章　化学進化のはじまりと生命の誕生までを

　宇宙のビッグバンから100億年が過ぎ、更に何億年かが加わって、吾が銀河系宇宙は誕生し渦のはずれのほうに太陽は一つの恒星として姿を現し、そのまわりに充満していた宇宙由来のガス（宇宙塵）を自らの引力で引き寄せ回転しながら同一平面上に八つの惑星を作り出した。これらの惑星は同じ起源物質をもち、個々に固有の形状をし今日ある惑星群となった。

　太陽から隔たること25万キロメートル、第3番目の位置に現在の地球は存在し、太陽のまわりを公転しながら自らも回転（自転）し約24時間で一回転、更に365回転で太陽のまわりを公転している（いつ頃から決まったのかは定かではない）。

　また、地球創生は約45億年前頃と推定されている。その歴史のはじまりは、宇宙ガスの塊として独立した後もまわりの微惑星や隕石の大きな塊が絶えず激突し、その衝撃による過大なエネルギーによって表面は灼熱のマグマの海（マグマオーシャン）となり中心部で熔融して一時期火の海であったろうと想像される。この状態は珪酸塩が溶けてしまう1,200℃以上の高温状態であったと推定されている。ここでは大気があってもメタンやアンモニアは分解してしまい、その上更に分解して出来た軽い水素は、徐々に高速で圏外へ拡散してしまった。そのために原始大気はN_2、Co、CO_2そしてH_2O（水）の混じった混合大気（酸化的な）が残っていった。この状態では地球は熔融状態（マグマ）のままで有機物はもちろん存在し得なかったであろうと思

われる。かなりの時間が経過してやがて激しく衝突を繰り返していた微惑星や隕石もだんだん減っていって、地球表面も少しずつ温度が下がり水蒸気（水）がより集まって水をたたえた海が出来上がっていった。そして、大気の圧力も高かったものから現在気圧（1気圧）の世界となったとみられる。すべてはいろいろと起こり得る条件の中で、地球によい状態、水の惑星が誕生したということになる。灼熱のマグマに覆われた地球に海が誕生するまでの筋道を追ってみよう。

　地球上での微惑星、隕石の衝突の変化は誕生後の45億年前からかなりの期間約10億年位は少しずつ減少しながらもはげしく衝突をくり返していたようである。そして、42億年前頃になって一度かなり減少し、その頃の地表には現在のような大陸は造り出されておらず、すべて均等に覆われた水の充満した世界であった。しかし、このおだやかな時代もそう長くは続かず、再びまわりに存在した微惑星や宇宙塵が地球の引力に引き寄せられ多量に衝突をくり返し、水が消えた熱い地球にもどり約35億年前頃になって衝突するものも少なくなり、灼熱の地表も落ちついて、又水が大量に現れて海が出来上がって来た。この時期から今まで存在したいろいろな元素が進化し始め、原始大気を形成し、いわゆる化学進化の第一歩が始まったのである。

　ここで化学進化の舞台を繰り拡げる前に、地球におけるマグマとそれに付随した大陸や海洋底の変遷を少し見てみたい。地球全体で主な元素は、酸素（O_2）、マグネシウム（Mg）、珪素（Si）、鉄（Fe）の四つにしぼられ中心核はほぼ鉄によって占められている。そのまわりをマントルの岩石成分が囲み、更にそのまわりを地殻が包みこむという三重構造になっている。岩石は金属元素と珪素を多く含むケイ酸塩（かんらん石、輝石）この中に更に鉄、マグネシウムを含んでいると

いう構造になっている。

　大気成分は80％の窒素、20%弱の酸素があり、問題の二酸化炭素（CO_2）は約0.04%しかないという組み合わせである。

　宇宙の中でも地球が非常に稀有な存在とみられるのは、水の惑星、海を維持し続けていることと1気圧の大気を所有していることでその条件は地球表面が太陽の光エネルギーを受けてある一定の温度を保っている。そして自らの持っている熱エネルギーを宇宙空間へ放出している（エネルギーとエントロピーの均衡がある条件を充たしている）。もし、これが出来なければ灼熱の状態が続き、海も大気も存在し得ないものになってしまったであろう。水の惑星など成り立たないわけである。そして、忘れてはならないこととして、惑星の上で水が液体として安全に存在できるのは親星（熱い太陽）とそこから来る輻射熱との関係から現在存在している。距離が理想的な数値になっていて地球自体の大きさも関わってくる。

　すでにあったマグネシウム、カルシウムのイオンと反応して大量にあった二酸化炭素は海の水の中に入り込み、一緒に海に溶け込み炭酸塩（石灰岩）となって海底に沈澱し、それらの一部が海底火山の噴火によって地表に再び現れることもあるが、大部分は海底に溜っているので大気中のCO_2は非常に少なくなっているという。

プレートテクトニクス

　灼熱に燃え滾っていた地球表面も二酸化炭素の減少によって熱を逃さない特有の温室効果が弱まり、少しずつ温度が下がり、この循環によって表面も適度に冷却し、かつ太陽から来る輻射熱の吸収の度合がきいた状態になって落ち着いた地球が出現した。

地球表面（20キロメートル〜30キロメートル位）は数枚の間にプレート（石板）に分かれていてマントルの上にのった形でそれの水平運動が造山運動（火山、地震など）として地表の変化を演出している。

　一方、海にとけ込んだ二酸化炭素は前述のように炭酸塩として海底に沈みプレート運動でマントルの近くまで沈み込み熱せられて火山活動として再びガスとして地表に吹き出し大気中にもどってくる。この循環が二酸化炭素循環とよばれているものである。この循環で地表の温度の高低によって炭酸塩の風化の大小があり、これによって地表に現れる炭酸ガスの量が、増減で地球が冷えたり温まったりする温室効果があり、炭酸ガスが極度に少なくなると地球の寒冷化につながるという結論が出ている。

　地球表面の安定化に欠かせないもう一つの条件は、プレートテクトニクスと呼ばれる表面プレートの（石の板）の運動を説明したもので、地球表面が冷え固まって出来た数枚のプレートの地上に対して水平の運動で造山、火山、地震などの様々な現象を支配しているもので、これが前に出てきた二酸化炭素循環の重要な役割を果たしているものである。もう一つ地球表面にある大陸に関して最近の研究の成果として、決して動かない静かなものとして、永い間信じられて来たことから大きな大陸が少しずつ移動している事実があることで静かな大陸とそして海、その中で生命が誕生したと考えられていたことが、少しあやしくなったという情況である。

　地球の成り立ちについてはまだ詳細がすべて判るものでもないので、この辺りで次の地球上での化学進化の過程を追っていきたいと思う。

　つまり化学進化第一段、第二段、更に蛋白質生成に至るわけである。

　宇宙の中での化学元素の生い立ちは参考書で度々出てくる宇宙塵の

生成がビッグバンから始まり素粒子（クオーク）同志の合体から陽子と中性子が出来て、更に互いの強い相互作用で結合して重水素やヘリウムの原子核が形成され、水素やヘリウムが誕生したとされている。

　熱い宇宙が膨張し続けていくうち、だんだんと冷えることでそれ以後の新しい元素は生まれなかった。現存する92の元素は拡がっていく宇宙の中で小宇宙とその中で数多く生まれた恒星によって作り出されたと考えられている。

　恒星の中心で核融合から様々に変化していくので軽いものから重いものまで、より多くの元素が生れ出る中で安定的元素の鉄が中心に増えて新しい元素は生まれず、やがて恒星は自らの重力に押しつぶされ爆発して四方に宇宙塵として飛散して又、新しい星のための材料となったということである。

　鉄より重い元素はこの宇宙塵材料として出来上がった、あまり大きくない星（惑星）の中で作られたものである。

　宇宙空間の至るところ乱雑に漂っているとされる様々な分子からなるガスが、一つのところに集まり閉じこめられるのは地球規模の重力と大きさをもつ惑星で、その大きさによってガスの気圧も決まる。そして、H_2Oが水として安定した液体の形で留まれたことも又大切な要素と考えられている。

　原始地球は、45億年前頃の誕生から灼熱の時代を経て40〜38億年前頃にかけて、現在の水の惑星になる前の一時期穏やかな海があったが、再びまわりに多量に存在した微惑星や宇宙塵が地球の強い重力に引き寄せられ、はげしく衝突して再び熱い状態に戻り、約35億年前頃になってやっと衝突も少なくなり、現在のような大陸もなく全面水で覆われた海が存在したと推定されている。この時代から地球上に存

在したいろいろなものが化学進化の第一歩として原始大気の形成をになったということになる。

　地球上で有機分子を生み出す原動力となった元素（分子数）、そして生命誕生に多大に寄与したもの水素（H）、炭素（C）、窒素（N）、酸素（O）などの最も軽い元素が生命体となり海に出現し、陸に上がって現在まで生きのびて来られたのは、熱の放出でエントロピーを減らし続け分子から生命に進化するのに共通して使われたエントロピーを小さくする力が働いて、進化を押し進めた地球自体の熱の吸収に見合う自らの熱を空間に放出する作用によって培われたと考えられている。

　化学進化10億年、そして細胞を含む生物進化35億年といわれているが、そのはじまりの主役は水素（H）ということになっている。

　そして、ヘリウム（He）、酸素（O_2）、炭素（C）、窒素（N）などが続く。

化学進化の第一段

　ここからは地球上での化学進化をとり上げるが宇宙の中で一番軽く、しかも大量に存在しているものが原子番号1の水素である。当然、原始地球の誕生の時から一番多く存在したものと考えられている。

　45億年化学進化のはじまりの元素水素と次に軽い元素ヘリウムなどは、ガスの形で地球誕生の時には大量にあったが軽いがゆえにどんどん地球圏外へとかなりの量が脱出してしまったようである。後に残った水素、ヘリウムの他のもう少し重いガスや水蒸気（水の気体化したもの）などが地球内部から噴き出して混じり合い、新しい大気層を形成した。定説はないようであるが、はじめは単純なものから火山ガスの混成で、複雑な構成になって今日の水素を中心に炭素化合物の

アンモニア、メタンガス、水蒸気や水又はその中間的なもの火山ガスの多く含まれたものがある。いずれにしても今日の大気構成は非常に複雑になっている（水素の多いものから酸素を多量に含むもの酸化型に）。

　ここまで到達するのに10億年近くかかったものとみられている。それ程長時間かけてゆっくり進化したということである。

　原始大気が出来上がるまでに地表では様々な動きがあった。まず、灼熱の大地が放熱によって表面が少しずつ冷え固まっていく間にH_2Oの劇的な出現、つまり地下から吹き出す気体としての水蒸気が地表で冷やされ液体としての水が出現したのである。

　水はある濃度以上になると再び水蒸気となって空中に漂い水素と酸素に分かれて、軽い水素は圏外へ逃れていって、酸素だけが残るそのくり返しで地表近くには酸素のある大気が増えてくる。酸素の特性はオゾン層をつくって紫外線をはじきだす力があるとされる。

　H_2O由来の水はもともとは宇宙の至るところに浮遊している微惑星、隕石の中に取りこまれているものが衝突による大量の熱で加熱され表面に出てきたものであろうと推察されている。

　原始大気は金属鉄（地球表面を覆っていた岩石）と反応することでその組成を変え鉄がH_2Oから酸素を奪って酸化鉄となり水素だけが放出され、徐々に原始大気は水素と二酸化炭素を多く含む構成となりアミノ酸などの生命材料物質をつくり出す下地の物質となった。

　原始地球が惑星として形を整えはじめる頃、自らの重力エネルギーの放出も減少し表面が少しずつ冷え、水蒸気（H_2O）が冷却されて水になり、地上に大量に降りそそいだ結果、大きな水たまりがそこここに出来て、更に大量に集まって原始の海が出来上がった。

ここで酸素についてであるが、生物にとっては、はじめの頃は有益な存在ではなく毒のあるものであったとされる。そして最近になって、原始大気はアンモニアやメタンを含む還元型大気ではなく、生命にとっては害になる面がある酸素を多く含んだ酸化型大気であったことがはっきりしたため、生命起源の前提が崩れ現在確たる定説はまだ表れていないようである。生命起源のいろいろな説はその説得力を奪われた形で現在は振り出しにもどったことになっている。

　しかし、生命誕生はこの地球上で起ったことには変わりないことでここでは生命誕生ありきから始めてよいのではないかと考える。

　蓄積された酸素の層は、大気圏の上層部にオゾン層をつくり紫外線をオゾンで吸収して地上にはほとんど届かない状態の地上が出現していた。

　そして、海底の中で生命の誕生への下準備がなされていたと想像する訳である。現在の大気の10％を占めるようになったのはおおよそ5〜6億年前頃といわれている。

化学進化の第二段

　まず、大事な元素は炭素である。この原始地球上では不安定な存在の一つで、大気中ではすぐ酸素と結合して二酸化炭素と水になってしまうということでなかなか単独で存在することが少ない。それでも数ある元素の中ではおだやかな性質をもっていて、すぐ結合して他の物質に変わるということでもないところで生物の基本的な構成物質として、水素、窒素、酸素、ナトリウム、カリウム、カルシウム、珪素、硫黄、マグネシウムなどと結合しやすくいろいろな化合物を形づくることが出来るという利点をもち、生物の生命体の素材としてよく水に

溶け、熱、電気の不良導体、かつ比熱が大きく、かつ宇宙空間いたるところに存在するという強みも持ち合わせる存在であるといえる。

つまり、この地球上で炭素と水があって、その他十数種類の元素との結合、離散によって生命体が誕生し進化してきたといってもよいであろう。

長い年月やはり10億年以上の歳月を費やしていろいろな化合物が現れては消えて、その中から蛋白質が生れ、細胞というものに進化していったと考えられる。

蛋白質は20種類のアミノ酸が多く集まり結合してつくり上げた高分子で、その分子量は1万から100万以上にもなるといわれている。

蛋白質の構造となるとなかなか複雑ですぐには理解できないが一応の説明はこのようになる。基本構造はアミノ基（NH_2）と酸性基（カルボキシン）COOHが重・縮合してNH_2とCOOHの結合部分から水がぬけてペプチド結合とよばれるものになる。即ち、アミノ酸が多く集まってペプチド結合、そして重合して出来上がったものがいわゆる蛋白質（生命の基本的物質の一つ）であるということである。

化学進化の第三段

ここで登場してくるのが、かの有名なロシアの（旧ソ連）オパーリンの唱えた生命誕生の基本となる液滴（コアセルベート）であるが残念ながら酸化型大気の中での生命誕生は現在では否定的になっていて蛋白質から細胞への進化については、ここでは省略し、細胞ありきから生命誕生そして進化の過程を略述していきたい。

生命体を形成する細胞の特徴はエネルギー代謝をすることが出来るということと細胞膜のすばらしい働きである。

出自のはっきりしない生命起源の通り路のあるところで、蛋白質の集合した液滴（コアセルベート）と細胞の心臓となる核酸が出会って意気投合して、今日よく知られる細胞の元祖が誕生し、更に自己複製を可能にする機能（遺伝）を獲得したことによって蛋白質（物質）をエネルギーに変えて利用出来るものと遺伝情報（自己複製が出来る）を自分自身の中で保存して利用出来るという、すぐれた機能を持った独立体として出現した。35億年前頃であると推定されていている。ひとたび細胞が出現すると後は、分化と進化によって様々な生命体がこの地球上に出現したわけである。

　細胞の構成は細胞膜（染色体−核酸−遺伝子−DNA−RNA）、細胞質、よそものミトコンドリア、それらを構成している物質として、糖（炭水化合物）脂肪、蛋白質、核酸などが代表的なもので糖は酸素などを含む化合物がよりあって（縮合）つくられるとされる。

　脂肪は炭化水素の酸化から出来てくる極めて簡単構造になっており脂肪酸とグリセリンの結合物として早くから知られている（脂肪酸は現在人工的につくられているもの）。そして核酸は細胞核に含まれ窒素を含んだ塩基性物質と五炭糖とリン酸が結合して出来上がった高分子で遺伝をになう大事な物質である。細胞一つひとつは小さく細胞膜によって囲まれこの膜は外からどんな分子が細胞内に出入りできるかを決定する仕事をしていて、細胞核には染色体が含まれている。染色体はタンパク質などの形状と機能を決定する。各々のDNAの鎖はヌクレオチドとして知られている4種類の異なるサブユニットでつながって出来ている。DNAはタンパク質をコードとしている。この領域にタンパク質のアミノ酸配列がコードされている。

細胞の構造

　膜があり、その中心に核、その中に核酸即ち遺伝情報をつかさどる
DNAが存在する。膜と核の間（すき間）には細胞質がくまなく充満
してそこには細胞のエネルギーを一手に引き受けるミトコンドリアが
ちらばって存在し、小胞体、リボソーム、ゴルジ体、リソソームなど
がそこかしこに散在しているといった状況である。

　膜は必要な物質（栄養物など）だけを内側にとりこみ内部に溜った
不要物を膜外にとり出す作用をしており、細胞内のもろもろの機能体
を一つに包み込み、外界から独立した存在として形成されている。

　核は細胞全体を統轄していて、更に細胞分裂によって細胞の増殖を
になう網目状の染色系（遺伝情報を伝える物質DNAで出来ている）
が走っている。そして、この中心核のすぐそばに細胞分裂に関与して
いるのではないかという中心体がある。

　ミトコンドリアはTCAサイクルという一連の反応で体内に入った
外界からの栄養物を酸化して、ATPというエネルギーに変えて細胞
内で消費し又エネルギーをちりのところから吸収してATPにもどり
貯蔵される方法を利用している。

　ここで少しDNAについて触れてみよう。まず、蛋白質について調
べてみる。20種類のアミノ酸が多く集合（縮重合）して出来上った
高分子化合物で、その性質はアミノ酸の種類、量、配列の順序、三次
元的な組み方などで多岐にわたる。基本構造はアミノ基（NH_2）とカ
ルボキシル基（COOH）の結合から水（H_2O）が取れてペプチド結合
と呼ばれるものになる。これが多数集って蛋白質となるということで
生物が行っている有機化合物の合成は37 ～ 38℃位の環境で水を主体
にして行われているようである。

ヒト母親の胎内で始めはただ一粒の細胞受精卵であって、そこから分裂によって初めていろいろな細胞群に分かれていくのであるが、その行き先は脳細胞群であったり、又幹細胞群に成り、同じDNAという指図書を持っていても各部分に分かれて成長していく。

　即ち設計図をもつDNAの指示通りに役割分担をして分化していくわけである。

　ヒトの細胞が分裂していくためにすべて同じDNAを持っているのであるが、ある部分の細胞は自分の持ち場に応じた遺伝の設計図しか使わず、同じものとして増殖していくので、これを分化と呼んでいる。

　では、分化を決定するものは何か。それはDNAという原図である。それはいつもすべてが使われるのではなく、ある部分必要な部位だけが使われて残りの部分はいつまでも動かず未使用になったままである部分の分化は進んでいく。うまい仕組みである。

　分化の先にはそれぞれの器官や部位が出来上がって呼吸して生きていく生物の誕生があり、長い年月を経て、様々な生物がこの地球上に現れては消え、そして又新しいものが現れる。生物の進化がくりかえされてきたわけである。

　生物進化の中には生物のもつ自己増殖の力と生物同志の生存競争による自然淘汰がし烈であったと考えられる。そして、そのフルイにかけられ生き残った生物が只今地球上に現存するもので、その代表格が人間であると自負するわけである。

　一つの生物が持っている遺伝情報が、どのように組み合されてきびしい自然環境をくぐりぬけて来たか、そしてその生物独自の生き方がどのように作り出されたか、自然淘汰という掟はどう作用したのか、生物進化を考える上では非常に大事なことではある。

　突然変異ということもある（新形質を導入するという進化の一面としてのもの）。これは遺伝的にはDNAのヌクレオチド配列の変化によって細胞を構成している蛋白質の一次的構造が変化をうけることだといわれる。

　当然、アミノ酸のいろいろな配列によって出来上がっている蛋白質は無限にあるといわれているが、地球上で実現した配列は偶然ということだけでなく、偶然で出来たものを更に地球上で有効に利用出来るように造り出されたものも沢山ある。

　ヌクレオチド1個の追加か又は欠損によって、ここに突然変異の種子が交り合って有能な蛋白質が出現した（かなり多数のもの）。

　つまり、一つの生物の原型からいろいろな種類の様式をもったものに分化（適応拡散）、そして進化へとつながったと考えられるわけである。

第三章　ヒトの脳のミクロコスモスと生命誕生までの
　　　　プロセスを

　人の男性（精子）と女性（卵子）の出会いによって誕生する新しい
生命（受精卵）は3週間程時間が経つと脳の部分は三層の胎盤が出来
上がり、それらは外胚葉、中胚葉、内胚葉と呼ばれ、まずはじめに外
胚葉が神経核として盛り上がりヒダが現れ、中心部分に溝が出来、円
筒形の神経として形を整えつつ前方部分が三つのふくらみをもち、そ
れらが人の脳の原型として成長していくことになる。

　前から前脳胞、中脳胞、後脳胞と名づけられ、それらが更に成長を
続けていくと、前脳胞は左、右に分かれて大脳半球（大脳皮質となる
ところ）と間脳が中脳胞から中脳、そして後脳胞からは、橋、小脳、
延髄が、最後になかなか膨らまなかった部分が脊髄となって、やっと
人の脳全体ができ上がるということになる。

　そして、神経管がそれぞれ発達していく中で、ただ一種類で成長し
てきた脳細胞が神経管の壁面のところで二つの神経細胞（神経細胞と
グリア細胞）に分かれて増殖するようになる。

　この神経細胞は脳の中で神経系統を受けもつことになるもので、グ
リア細胞は四種類に枝分かれして神経管内面をおおうように拡がり、
神経細胞を支えたり、壊れてしまった脳の組織を取り去ったりする役
割を分担したりする。

　神経細胞は脳の各機関に移動していろいろなグループを形成してい
くことになる。

　大脳皮質、基底核、視床、脊髄の奥深くまで分布してこの細胞から神経線維が四方にのびて細胞同士が連絡し合って、複雑多岐にわたる神経路を形成していくのである（脳神経と脊髄神経の二つに分かれている）。ここまで出来上がった人の脳は三つの層から成り全体の芯になる部分はとにかく生きるためにいっときも休まず働き続けている脳幹と脊髄であり、その周りを囲むようにかぶさっているのが個体維持に不可欠な飲食欲、種族維持本能欲つまり動物としての基本的な欲求を充たす働きをする大脳辺縁系などである。そして、一番外側にある大脳は他のどの動物よりも大きく5～10倍位にもなり、特殊な頭脳を持った生物である。ここは大脳皮質と呼ばれ長い進化の末、完成したもので、ここより下の方に動物時代からのいろいろな機能を持った前述の脳が整然と続いているのである。

　三つの層の下の方から順次その機能とおおよその構造を見ていきたいと思う。まず、脳幹といわれる部分

　脊髄：ここは末梢神経から感覚器官へのいろいろな感覚（圧覚・痛覚など）を更に上位にある脳部分にその情報を送る中継点として動いている。

　延髄：消化器中枢、呼吸循環機能、血液への循環、そして更に皮膚感覚を受ける上位の脳に伝える作業をしている。

　橋：延髄の上にあって、最初の陸上動物の時代から全身の筋肉のコントロールをここから双方に突きだした形の小脳と共に行っていて、丁度二つの小脳の橋渡しのような役割を担っている（赤子のときははいはいなど学習させる）。

　小脳：橋から二つに分かれて存在し、その機能は古皮質姿勢の調節、圧・触覚、平衡感覚など新皮質橋と共に筋肉のコントロールを行って

いる。

　中脳：爬虫類の時代に発達しはじめた古い脳でその後、四つ足から二足歩行に代わって視野が広くなって、感覚運動機能が飛躍的によくなり、視野も拡がり、特に視覚が発達し下の橋脳より大きくなった。

　二つに分かれていて

　上丘〜眼球運動・視覚などに関連する連絡路

　下丘〜聴覚に関連する中継点で外部に姿勢中枢、深部には体移動中枢（歩いたり、走ったりするときに出す指令信号場所もある）

視床・視床下部・脳下垂体

　体の背面側に視床、腹部側に視床下部そして視床下部の底面にくっついているような脳下垂体がある。

　視神経がこの視床下部の底面から視床の後部と中脳の上丘に達しており、大脳感覚野への中継点の役割を果している。

　脳下垂体は視床下部の統制を受けて直接内分泌機能を行い、体内の内分泌機能をも支配している。

　前葉は全体のホルモンをコントロール

　後葉は体内の水分の調節、ホルモンをコントロール

　視床下部〜情動の中枢（感性など）、大脳辺縁系と密接につながっている。自立性機能の最高機能として体温の維持、内臓機能、心臓血管機能、睡眠機能、飲水、生殖機能、情動反応などに関係する。

　視床：脳幹の最上部にあるもので人間の感覚情報（嗅覚を除いて）の大部分はここを通っていて、特に視神経の最重要中継点となっている。

　唯一脳幹の中で左右に分かれている（ここより上にある脳はすべて

左右に分かれている）。

　外側膝状体＝視覚神経の中枢

　内側膝状態＝聴覚神経を中継し、かつ中脳の上丘へもつながっている。

　大脳基底核：脳幹から大脳へ移る境界の様な存在と考えられ全身の運動の要となっていて大脳と小脳、視床下部の中間にあり、その機能は人間が運動とその系統の感情即ち運動の表情や態度を調節し表出しているところと考えられている（人の体の運動を最終的に統合しているのは大脳皮質の運動野でそこと連携している）。

　被殻：大脳前頭葉から情報を受け取り脳幹の脊髄に情報を流すことで直接末梢神経とはつながらず、視床を介して大脳や脳幹に投射する。

　尾状核：被殻と並んで存在し形の上から線状体と呼ばれている（二つ合わせて）。

　淡蒼球：ここは線状体（細い神経線維の集まっている）細胞の持つニューロンを外節から視床下部へ出し、行動を抑制する働きをするところ

　大脳辺緑系：動物時代からあった大脳として存在していたものであるが、人間の大脳新皮質が巨大に発達してしまったので、だんだん大脳の周辺部へと追いやられその形は円筒状の複雑な形になった。

　しかも小型の脳の集まりであるため、その形は判りにくく、この中には両棲類、爬虫類の時代からあったもので芋虫状の形をした〔海馬〕が特に有名である。記憶の貯蔵庫といわれているものである。その外側にある大脳の側頭葉とともに学習、記憶の担い手として知られている。他にアーモンド状の形をした「扁桃核」といわれるものが海馬の先の方、側頭葉の裏側視床下部の前上部にあたる位置にあって攻

撃性を生む脳として古くから知られていたもので、最近では「好き、嫌い」を選び本能的な認知をするものとして注目されているところのようである。

（視床下部とも関係を持ち、上部からコントロールしていて、又海馬と共に記憶にも深い関係を持っているとされる）

そして、行動力を出す脳として側座核が知られている。

終脳＝大脳新皮質があって、脳のすべての感覚の集積場となっている。

左・右に分かれている。

左脳：直観的で創造を働かせ、外界の物体の形態を仕分け、判別する（意識する）芸術的雰囲気を持っている。

右脳：数値、言語などを論理的に分析し、そして統合的かつ批判的な面もあり。

ブロードマンが分類した脳地図に沿って大脳皮質の部分的な機能と働き方を概観してみると、まず頭頂（体制感覚野と呼ばれている）がある頭の中心溝の後方に沿った部分で皮膚感覚や触覚などをつかさどるものになっている。

側頭系と一部頭頂系は、随意運動をコントロールする体の行動とそれの認識を受けもっており、頭頂の後方部分に体の位置を基準にした空間の位置関係などを認知する働きがある場所

後頭系：視覚の処理センター、つまり「見る」ということでの情報処理「第一次視覚」として眼球の網膜から送られてくる視覚情報が一旦ここに集められる。

ここで基本的な処理を済ませたものを更に高次なものにするために次の視覚連合野へと送られていて視覚の一大処理場である。

側頭葉：聴覚の情報処理が行われているところ

前頭葉：ここは範囲も広く、様々な機能が交差し合っているところで、全体的にすべてが解明されていない楽しみの多い部分である。

言葉を発する機能、言葉を作り出す認識というものを実現し行動を起こし、己を律することにもつながる、より複雑な機能集団でもある。

この章の終わりに脳の最も大事なものと思われるものを併記しておきたいと思う。

認知する力、宇宙、自然界から到達するすべての刺激を五官（目、耳、など）から体内に取り入れて知覚器官（網膜など）を通して脳内の貯蔵器関である海馬などに蓄積され外界の情報を整理、保存（言葉、映像として）更にそれらを再び取り出して照合したりする一連のものが人だけに与えられた特別のもの（知力）

これがあって人は今日の繁栄を見ることが出来たと思われる。

人にとって大変大事なこと、つまり私の存在を決定づける意志の発生と意思決定について少しふれてみたい。

私の意志で何か行動を起こそうとするとき、何をするかを決定する機能が脳のどこからか信号が出てそれによって発生するとするのか。自分という生命体が自らの意思を脳に信号を送ることで決まるのか。その存在はいずれも最終的にはまだ判っていない。

第四章　自我の究極の進化と心としての意識の形成を

　人としてこの世に生を受けて、感じる最も大切な思いは何かを考え
てみるとやはり身近な自分の存在についてあれこれ眺めまわし、考え、
やがて自己意識に目覚めるという通常の形であろうと思う。

　意識という大きな器の中の一つとしてこれを取り上げてみたい。

　まず全体像をとらえるという意味で心理学（フロイトの）から、そ
して哲学に沿って更に深く宗教の中にあるものを分析してみよう。

　自己意識の中心になるのは三つの自我（これはフロイトによって導
き出されたものとされる）

（１）イド（原始的自我）＝快を求め不快を避ける、無意識状態が働
　　　いており動物本能の形態をとると考えられている。

（２）エゴ（自我）＝いつも自分はまわりに存在するすべてのものか
　　　ら孤立しており、ただ一人の状態という認知、外界にあるすべ
　　　てのものを感知しているのは自分だけという孤独感、それらを
　　　越えて外界へ積極的に働きかけているのも自分だけという自意
　　　識を前面に打ち出す、なかなか難しい存在である。

（３）スーパーエゴ（超自我）＝自分というものを滅して他人に対し
　　　て良いことが出来るという。

　これは外界とその刺激を認知することから始まる自己意識と考えら
れるだろうか。

　この図式は刺激のもとになっている外界から五官と呼ばれる人の感
覚器官に受け入れ、感覚経路を経て、最終器官である脳に送られた情

報を基にして、さらに奥の所で最終的に受けとった感覚情報を処理して自分のものにするという過程があると考えられている。

　ここのところ、哲学では自我に主体性（自分）があって、外界のいろいろな事象を認知し、それぞれを基礎としてとる行動の原点として積極的かつ意欲的に取り入れつつ前へ進んでいく。

　何事でも知るという意欲と行動が人の生きる原動力となって精神的に自立した形で外界と対峙していく能動的な自我がみてとれる。感性＝悟性（思考が入った感性）、そして理性（他の動物と区別されるもの）と本能（先天的に備わった自然界へ適応する仕方）が基本として存在する。

　各宗教の始まりは段階的に次のような順序で自己意識につながる道筋があると考えられている。

　ユダヤ教：紀元前20世紀頃アブラハムがカナンの地で神と契約

　キリスト教：紀元前4年頃イエスが誕生、神の啓示を受け、自ら布教の後紀元30年頃処刑される。

　仏教：前428年頃ブッダが悟りを開く。

　イスラム教：510年頃ムハンマドが神の啓示を受ける。

　ゾロアスター教：教祖をもち、聖典があり、善悪二元論を展開、のち衰退

　バラモン教：輪廻転生一解脱（ブラフマンとアートマンの梵我一如）

　ヒンズー教：バラモン教の伝統を受け継ぎ業により再生する。

　神道：古来からあった山岳信仰から神道が生まれ、538年頃中国から仏教が伝わり、並立して今日に至っている。

　他に世界中の各地にその土地に由来する民族宗教がある。

ユダヤ教の旧約聖書の中には来世という考えはなかったとされるが
それを受け継いだキリスト教にはそれを現実として受け入れるところ
があったようでイラン地方には輪廻を認める（アーリア系考え方）も
あって洋の東西、生と死の間にいろいろなつながりを模索した形跡が
あるようである。

　キリスト教での「天国と地獄」（一説にはゾロアスター教の影響か
も）イスラム教では天国と地獄の他、最後の審判という来世観を併合
している。

　各宗教の代表的な人の形をした神として

　ユダヤ教＝ヤハウエー

　キリスト教＝父なる神

　イスラム教＝アッラー

　ヒンズー教＝シヴァ、ブラフマー

　仏教＝大黒天、毘沙門天、摩利支天など

　その他各地に様々なものが存在している。

　ここで自我が西洋伝来のものと考えると、東洋本来のものは業
（KARMA）に発する自己意識の展開をしないわけにいかないので、
くり返すと代表的東洋宗教の仏教の中の中国で簡約された般若心経の
一部を見てみたい。

　中国の玄奘三蔵（僧）訳（サンスクリット→中国語に）とされる。

　般若心経（魔訶般若波留蜜多心経）のはじめにある「照見五蘊皆
空」からたどってみると五蘊とは人の体の中に宿る（存在する）もの
を指し、次のような展開になっている。

　色＝体の中にある感覚器官の働くところ

　受＝外界の刺激に対する感覚と解される。

想＝ヒトの想い

行＝想いを更に深く追っていく業と解される。

識＝認知し更に認識していくもの

ここで行が業につながっているがサンスクリット語ではKarma＝物事をなすという意味から出ており、人の全体的行動を指すのではなく行動によって起こる原因とその結果が対となって時間と共に過去から未来へとつながっていくと解されているものである。

更に事の善悪がからむようになって現在に至り複雑多岐な概念になったようである。

六識＝感覚器官（五官）と意（心）が入っている。

七識＝末那識（生まれつきの「物にこだわる」心）

八識＝阿頼耶識（経験が生きる潜在意識）

ここまでくるとどうやら易学の世界になりそうで一つの概念から導かれる様々な葛藤が心と呼ばれるものを揺り動かしている。

前出の「般若心経」から離れ、釈迦の仏教の原点「輪廻転生」を回避する最も大事な「悟りを開く」は二度と生まれ変わることのない涅槃（ねはん）にたどり着くことだと説いているということであるが、現世でいかに努力して善行を施しても、今生の煩悩を断ち切る修行を完成させない限りは達成しないと説かれている。

通常の仏教観からは思いもよらない教えである。「輪廻転生」は生前に善い事を行った者に来世は楽を与えるところへ導いてくれると考えていたものであるが、詳細はここでは省くとして悟りを開くとは尋常な行為ではないことは確かである。

業に関しては自分が行う行為の善悪を問わず、それらを意識して行うことが業というものにつながるとする。

自意識を持たずに善行をするということになると業というものの展開は、人間心理のその奥の深層心理にも作用し、ここのところの善・悪の判断が人の幸・不幸をも左右してくると見ることもできる。

　よくいわれる業が深いといわれることと自我の強さに関連を見出せるだろうか。

　チベット仏教での輪廻の意味は業とそれに対をなす煩悩の力によって、現在ある場所（つまりとりまかれて出来た輪の中の）から解き放されずにその中を絶えずうろついているという状態から抜け出せないと理解するのだが、ここで修行という荒業を行うことによって、その輪から抜け出し別の所に移り住むことができるという転生というものが宗教上の知恵として展開され得るという示唆をよく理解して修行に励めと解いているが、人の一生の中で輪廻転生ということが実現するのかは定かでないようだ。

　まだこだわるようだが、人の命と業にまつわる自然の因縁（自然の摂理：時間と空間が一つの宇宙の中に存在していることに発する）命は私には選べないが、業を背負って因縁の世界へ出てどのように生を完了するか、煩悩がつきまとう誠に厄介な人の人生である。

　宇宙を知らずして、人の命はただ流れに任されて生から死へと導かれていくだけ、だから少しでもその存在を知り、そして進む道を見出すために私はこの世に宗教というものが生まれ、科学が哲学が誕生したのだと観じている。

　そして、この項の終わりに最も大事な意識というものについて考えてみたい。

　人の脳の中には1000億個以上といわれる数の基本体：ニューロン

が絶えまなく信号のやり取りをしており、それが脳内の様々な機能を
動かし、目覚め、眠り、注意、気づきなどそれらのすべてを総括して
意識と呼んでいる。ニューロンは絶えず互いに電気信号や化学信号を
送りあって成り立っているもの。それがどうして人だけが持ち合わせ
ているのか。生きているという想い（精神）何かをしようとする行動
（意志）が生まれてくるからであろうか。

　これらのすべてのものを含めて"意識"をもつとしている。いろい
ろな理学的思考を紐解いてみると以下のような説明で意識は語られて
いる。

　まず、目覚めている時と睡眠をとっているときの脳内の状況は、眼
球を通して周りの状況をよく勘案出来ていることと、目を閉じて何も見
ない又は眠っているときでは丁度正反対の状態に置かれることになる。
眠っている時でも脳細胞はすべて休止しているわけではなく、互いに
信号を交換し合っているとされる。勿論、目覚めている時の働きとは
格段の違いはあるだろうが五官から来る外界の刺激の受け取り方は

　　視覚野＝眼球から網膜、一次、二次視覚野という経路で脳内中枢へ
　　聴覚野＝耳から入ってくる空気振動（音波など）鼓膜→そして側頭
　　　　　　葉の深部へ
　　嗅覚野＝嗅覚情報を受け取り、扁桃核皮質の一部で認知
　　味覚野＝口、舌で
　　体性感覚野（運動野）＝触覚に関係する。脳幹の前庭神経核
　　大脳皮質、体性感覚野、視覚野、聴覚野で囲まれた領域、つまり感
覚連合野は人の知をつかさどる精神の座といわれる。

　五官から送られてくる外界の刺激をしっかりと認知し知覚する（認
識といわれる）。そして、それぞれにどのように対応していくか判断

されてそれぞれの働きを遂行していく所となっている（大脳新皮質の約2/3を占めている）。

　前頭連合野＝運動性言語野（発語）・思考・創造・そして意識の座がここにあるとされている。

　頭頂連合野（外界の認識、理解）側頭葉（記憶の座）

　意識の起源となると、まず視覚による外界を知覚（見る）して認知（判断）更に意識化するという過程が考えられる。ただ観るだけ、知るだけ、判断するだけではなくそれらすべての働きをどこか一つの所でまとめ上げ具象化されて意識という形が現れて来るのではないかと理解するのだが定説はない。その発生の機序はどのようになっているのか、入り口になる視覚は第一次視覚野で視細胞が活躍しているはずではあるが直接意識にかかわる活動はしていないようである。

　目の前にある外界の出来事を逐一視覚化、認知化する過程を経て、もう少し高次な機能をもった仕組みのある第二次視覚野という脳の別の分野に送り込まれ、ここで複雑な作業がなされるということになる。

　下側の皮質にある細胞が活動すると意識的な知覚をする働きが現れるというこれが第二次視覚野を通って更に高次な機能を持つ前頭前野と頭頂連合野へ伝えられ細胞の信号伝播は双方向（逆方向も含む）になっているので、信号の輪ができて、更に複雑な信号を形成すると考えられている（これによって、より高次な情報も蓄積される万能性がある）。しかし、現状ではまだ推論の域を出ないということである。

　ここで大事な一つのテーマ意識と注意に少しふれてみたい。

　注意には二つの形があるとされる。受動的なものと能動的なもの。

　能動的なものとは、言語などによる（本、文章）ものに注意を向けて理解しようとする積極的なもので、受動的とはとりわけ目立った外

界の刺激に注意をむけることで能動的な注意は意識がはっきり働いて
出来る注意だとして前頭野が関わっているのではないかともみられて
いる。

　注意と意識はよく似た存在ではあるが同じ順序で表面に出てくるも
のではないとされている。

　ここで注意ということの大事な事象が出てきたので、もう少し視覚
野で受け取った刺激がどう注意と結びつくのかという点に触れてみる
と、前頭野へと受けつがれたものが頭頂連合野に入り一緒になって高
次感覚野の活動を高めると共に更にこの刺激を逆行させて、一つの刺
激受容の輪のようなものを形づくって入ってきた刺激が意識的に知覚
されていく、そんなところに注意という大事なものが生きてくるので
はとも考えられており、ただ漫然と注意というものがあるわけではな
いと考えられているのである。

　このようにして外界から集められた大量の刺激はどのように処理さ
れ、納められるべきところに収納されるのであろうか。判っている範
囲で、ここから追跡してみたい。

　第一次視覚野からの情報は、大脳皮質の前頭野と頭頂連合野でいろ
いろな形にさばかれて情報の必要な各方向への輪の中を通って伝播さ
れている。つまり、受容された刺激が前頭前野へ移動していろいろ選
び抜かれた注意によって生まれたものを前頭前野が引受形をつけて、
頭頂連合野と併せて高次感覚野を活性化して、その活動を高めて更に
遂行するようにその高まった情報の束を初期感覚野に送りつけ、更に
活性化して輪を拡げるという動きもみられるようで、このような動き
によって入ってきたいろいろな刺激が意識の一環として知覚される。
意識と注意はこんなところでつながっているのではないかと想像する。

注意がなければ高度な意識は生まれないのでは、と勝手な推論ではあるがひとつのモデルにはなるかもしれないと考える。

　意識についてはここから又出発点に戻っていろいろな認識が生まれて来る。意識の生まれ出る脳の中の原点の一つ見る眼と共に動く心臓の鼓動が働いていく先で一つの像を作り上げている、それが心と考えてみてはどうであろうか。

参考書

序　章　旧約聖書　天地創造篇

第一章　岩波文庫　易学　上・下　高田真治訳　後藤基巳訳
　　　　平凡社　宇宙の構造　E. L. シャッツマン
　　　　小学館　イラストジャポニカ

第二章　生命の起源　地球が書いたシナリオ　中沢弘基　新日本出版社
　　　　岩波新書119　生命の起源　J. D. バナール
　　　　岩波新書231　生命の起源と生化学　オパーリン
　　　　岩波新書232　細胞学　新家浪雄
　　　　岩波ジュニア新書477　宇宙と生命の起源　嶺重　慎　小久保英
　　　　　一郎　編著
　　　　岩波ジュニア新書　宇宙と生命の起源2　小久保英一郎・嶺重
　　　　　慎　編著
　　　　岩波新書625　生命を探る　江上不二夫
　　　　講談社ブルーバックス227　新しい生物学　野田春彦　日高敏隆
　　　　　丸山工作
　　　　講談社ブルーバックス216　生命の誕生　大島泰郎
　　　　中公新書　生命の探求　柴谷篤弘

第三章　光文社　脳がここまでわかってきた　大木幸介
　　　　講談社ブルーバックス　脳の手帖　久保田競
　　　　創元医学新書　脳と心　西丸四方
　　　　大日本図書　心のはたらき　相良守次
　　　　岩波新書　心理学入門　宮城音弥
　　　　岩波新書347　精神分析入門　宮城音弥
　　　　岩波新書461　脳の話　時実利彦

第四章　ニュートンプレス　「Newton」2012年5月号　特集「脳と意識」
　　　　　講談社ブルーバックス　脳研究の最前線　上・下
　　　　　誠信書房　般若心経講話　橋本凝胤
　　　　　講談社現代新書　業と宿業　増谷文雄
　　　　　ナツメ社　図解雑学般若心経　頼富本宏　那須真裕美　今井浄円　著

〈著者略歴〉

清水 澄夫（しみず すみお）
昭和29年 明治大学政治経済学部卒業

黎明 令和に至る科学アンソロジー「宇宙全史」

2022年9月30日 初版発行

著　者　　清水 澄夫
発行・発売　株式会社三省堂書店／創英社
　　　　　　〒101-0051 東京都千代田区神田神保町1-1
　　　　　　Tel 03-3291-2295　Fax 03-3292-7687
印刷・製本　シナノ書籍印刷

©Sumio Shimizu 2022 Printed in Japan
ISBN 978-4-87923-166-6　C0040
落丁・乱丁本はお取り換えいたします。定価は、カバーに表示してあります。
不許複写複製（本書の無断複写は、著作権法上での例外を除き禁じられています）